中国航天基金会
CHINA SPACE FOUNDATION **本项目由中国航天基金会支持**

中国航天奠基人
钱学森的人生传奇

我们必须征服宇宙

第1册

出身望族

钱永刚/主编
顾吉环 邢海鹰/编著
上尚印象/绘

小猛犸童书

电子工业出版社
Publishing House of Electronics Industry
北京·BEIJING

前言

我们必须征服宇宙！

1935 年，世界上，空天时代刚刚来临，飞机可以以 300 千米 / 时的速度在空中飞行，人们高喊："我们征服天空了！"彼时，航空业虽有快速发展，但也才初露萌芽。

然而，东方的一名 24 岁中国年轻人却把目光投向了天空之外的深空——宇宙，并从心底发出了充满自信的声音："我们必须征服宇宙！"1935 年，他在《浙江青年》杂志第 9 期上发表了名为《火箭》的文章，其中写道："呵！这使你在一个清朗的夏夜，望着繁密的、闪闪的群星感到一种'可望而不可及'的失望吧！我们真是如此可怜吗？不，决不，我们必须征服宇宙！我们有办法吗？有的，火箭！"文章中详细分析了征服宇宙所用的工具——火箭的原理，提出到星球上去的火箭构成，甚至提出了火箭飞机的概念。这位年轻的大学生在那个科幻时代就有了这样的科学预见及奋斗目标，让人十分感叹！

这名年轻人，就是 1934 年从国立交通大学铁道专业毕业的钱学森。为了实现心中科学报国的理想，他选修了航空工程，并由此考取了国立清华大学庚款留美公费生，揭开了他波澜壮阔的一生。

他在美国学习、工作 20 年，成长为世界级著名科学家、火箭专家。1955 年，他冲破重重阻碍回到祖国，积极地全身心投入我国航天事业的建设中，作为技术主帅，在导弹、火箭、卫星、飞船和载人航天等诸多领域，发挥了不可替代的关键作用，留下了深深的印记，成为名副其实的中国航天事业的奠基人。

悠悠数十载,"探索浩瀚宇宙,发展航天事业,建设航天强国,已经是我们不懈追求的航天梦"。2020年2月17日,嫦娥五号返回器携带月球样品,在内蒙古四子王旗预定区域安全着陆;2020年5月15日7时18分,天问一号着陆巡视器成功着陆于火星乌托邦平原南部预选着陆区,我国首次火星探测任务着陆火星取得圆满成功;2023年5月30日18时22分,神舟十六号航天员乘组和十五号乘组在中国自己建设的天宫空间站顺利会师。这些航天成就都标志着我们在征服宇宙的进程中又迈开了崭新的一步。

习近平总书记在2020年9月11日科学家座谈会上指出,"科学成就离不开精神支撑",强调大力弘扬科学家精神。钱学森就是我国科学家群体中最杰出的代表,他传奇和励志的人生,充分体现了习总书记高度概括的科学家精神的内涵。

为此,我们编写了《我们必须征服宇宙》,以漫画的形式呈现大科学家钱学森98年的精彩人生。全书分12个分册,各册主题分别为:出身望族、多彩少年、不负韶华、谁和我比、他日归来、星弹伟业、问鼎九天、大师之师、琴瑟和鸣、我蒋你钱、信报传奇、大成智慧,力求体现他学习、成长、思想、成就、品德、治学、精神等不同侧面,让人们对他有较为全面的了解和认知。读者对象为少年儿童,为他们健康成长提供精神食粮。希望他们把科学家作为偶像,在他们心中种下科学的种子、科学家精神的种子、信仰的种子。希望这套书能够得到小读者的喜爱,并使小读者从中受益。

最后,衷心感谢中国航天基金会对本书出版的大力支持!

编者

"你在一个**晴朗**的夏夜，
望着繁密的闪闪**群星**，
有一种可望而不可及的**失望**吧！
我们**真的**如此**可怜吗**？
不，绝不！
我们必须**征服宇宙**！"

唐末，浙江临安。

老天保佑啊！一定要平安！

都这么久了……

夫人，再用力一点！

哇……哇……

太好了！

谢天谢地！

老爷，恭喜您！是个男孩儿。

哈哈哈……

让我看看孩子。

这孩子……怎会如此丑陋……

孩子出生时满屋红光，日后必成大器啊！老爷！

突然这位父亲一把从产婆手中夺过婴儿。众人大惊失色。

钱学森纪念馆。

因为这个小孩的性命是奶奶保住的，所以他有个乳名叫"婆留"。

哈哈，太有趣了！哥哥，你为什么会给我讲这个故事呢，难道……就因为他姓钱吗？

是的，因为这个小孩就是我们钱氏的先祖——钱镠（liú），他是吴越国的开创者。

那钱镠的一生肯定充满了传奇，你快给我讲讲。

哈哈，当然可以了，幸亏我提前做了不少功课。

嗖……

钱镠，你可真厉害。

中了，中了！

钱镠自小习武，箭法更是高超，在乡中颇有威望，成年后以贩卖私盐为生。

你慢点儿，等等我们……

这一趟赚得不少，回家给我娘置办一套新衣服。

当时正处于唐末乱世，各地军阀混战，民不聊生。

现在这世道兵荒马乱的，贩不了盐，生计都成了问题。

如今狼山镇遏使王郢(yīng)拥兵作乱，石镜都镇将董昌正在招募兵将平叛。

你武艺高强，何不前去应募呢？

这倒是条出路！

二十四岁时，钱镠应募投军，被任命为偏将，随军平定"王郢之乱"。

小伙子有勇有谋，今后大有可为啊！

此后黄巢义军席卷浙东，兵至临安城下，而镇守临安的就是时任镇海军右职的钱镠。

黄巢的二十万大军已兵临城下，大人，我们该如何应对？

现在城内还有多少人马？

不足三百。

敌军就算每人吐一口唾沫也能把我们淹死啊！干脆还是投降吧。

岂能投降！

大丈夫宁死不屈！你们去帮我挑选二十名精兵，我钱镠自有办法。

钱镠亲自带领二十个人，埋伏在城外的草丛中，等待黄巢的先头部队到达。

钱镠箭法了得，瞅准机会，一箭射出，黄巢领军将领瞬间中箭而亡。

啊！将军！

黄巢军一时群龙无首，乱了方寸，钱镠伏兵杀出，斩首数百。

兄弟们，不要恋战，快撤！

追，别让他们跑了。

钱镠带兵急速撤退，在路旁看到一位老妇人。

老婆婆，若有人问你临安兵的消息，

你只要据实说兵屯八百里就是。

大家先找地方隐蔽起来。

钱镠撤退到了一个叫八百里的地方，并在周围布好疑兵。

黄巢大军追赶钱镠，果然在路上遇到了老妇人，于是上前问路。

老太婆，知道临安兵在哪里吗？

临安兵屯八百里。

他们刚才二十多骑，尚不可挡，八百里兵马，那还了得？！

于是，黄巢的军队便绕路去了越州，临安也免于兵祸。

14

镇海军节度使

武胜军都团练使

石镜都副将

都知兵马使

钱镠用小股兵力保住了临安，得到唐王朝的认可。随后，他又逐步平息浙西山区此起彼伏的叛乱，官越做越大。

与其闭门做天子，使九族百姓涂炭，不如开门为节度。

895年，钱镠的老上司董昌在浙东背叛唐朝，自立为帝。

你休要多言，如果你愿意跟着我，以后自然少不了荣华富贵。

唉！

如若不然，以后咱们只有战场上见了。

怪只怪我当初没有听钱镠的建议。

钱镠接受朝廷命令，带兵击败董昌，荣升为镇海、镇东两镇节度使，又加检校太尉、中书令。

由此，钱镠位极人臣，成为两浙地区的割据藩镇势力。不久，他又被封为越王，地位得到进一步提升。两年后，被改封为吴王。

907年，朱温篡唐称帝，建立梁朝（史称后梁），为了拉拢钱镠，封其为吴越王。

以您的实力，何必向朱温称臣呢？

古人有言，屈身于陛下，是其略也。能保一方百姓平安就够了。

钱镠把吴越国都城定在杭州，风景如画的杭州第一次成为一国之都城。

当时中国各地豪杰四起，朝代和政权更替，纷争不断。

而吴越国境内却市井祥和，百姓安居乐业，丝毫没有受到战争的影响。

钱镠扩建杭州城，广建寺庙与佛塔，传承历史文化。

哎嗨哟！

他修筑钱塘江沿岸海塘，使得江边农田可以灌溉，给老百姓带来了极大福祉。

加把劲儿！

又是丰收的一年！

丰收喽！

真是太好了！

他又疏浚内湖和西子湖，使得杭州初现"人间天堂"的美景。

大王，吴越的百姓给您起了一个雅号。

是什么雅号？

他们称您为"海龙王"！

海龙王？哈哈，这个称呼我喜欢。

在钱镠治下，吴越之地越发欣欣向荣，文化繁盛，岁丰年稔（rěn）。

你知道为什么百姓称钱镠为"海龙王"了吧?

当然知道了，就是因为钱镠在杭州兴修水利，治理水患，百姓觉得他像龙王一样厉害。

对，人们为了纪念钱镠的功绩，建造了钱王祠，有机会咱们可以去那里玩。

钱镠不仅严于律己，对子孙们也提出了修身立世的要求。

你说的应该是这个《钱氏家训》吧，我要认真读一读。

个人篇

心术不可得罪于天地，言行皆当无愧于圣贤。

曾子之三省勿忘，程子之四箴宜佩。

持躬不可不谨严，临财不可不廉介。

处事不可不决断，存心不可不宽厚。

尽前行者地步窄，向后看者眼界宽。

花繁柳密处拨得开，方见手段；

风狂雨骤时立得定，才是脚跟。

能改过则天地不怒，能安分则鬼神无权。

读经传则根柢深，看史鉴则议论伟。

能文章则称述多，蓄道德则福报厚。

家庭篇

欲造优美之家庭，须立良好之规则。

父母伯叔孝敬欢愉，妯娌弟兄和睦友爱。

祖宗虽远，祭祀宜诚；子孙虽愚，诗书须读。

娶媳求淑女，勿计妆奁（lián）；嫁女择佳婿，勿慕富贵。

家富提携宗族，置义塾与公田；岁饥赈济亲朋，筹仁浆与义粟。

勤俭为本，自必丰亨；忠厚传家，乃能长久。

社会篇

信交朋友，惠普乡邻。
恤寡矜孤，敬老怀幼。
救灾周急，排难解纷。
修桥路以利从行，造河船以济众渡。
兴启蒙之义塾，设积谷之社仓。
私见尽要铲除，公益概行提倡。
不见利而起谋，不见才而生嫉。
小人固当远，断不可显为仇敌；
君子固当亲，亦不可曲为附和。

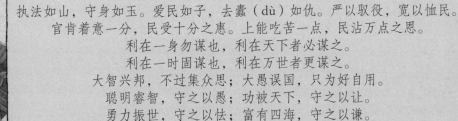

国家篇

执法如山，守身如玉。爱民如子，去蠹（dù）如仇。严以驭役，宽以恤民。
官肯着意一分，民受十分之惠。上能吃苦一点，民沾万点之恩。
利在一身勿谋也，利在天下者必谋之。
利在一时固谋也，利在万世者更谋之。
大智兴邦，不过集众思；大愚误国，只为好自用。
聪明睿智，守之以愚；功被天下，守之以让。
勇力振世，守之以怯；富有四海，守之以谦。
庙堂之上，以养正气为先；海宇之内，以养元气为本。
务本节用则国富，进贤使能则国强。
兴学育才则国盛，交邻有道则国安。

心术不可得罪于天地，言行皆当无愧于圣贤。

钱氏后人秉承祖训，每当钱氏家族有新生儿诞生，全家人都要一起恭读《钱氏家训》。

钱镠去世后，他的继任者也忠实执行了钱镠的既定国策，一直尊奉中原王朝。

赵匡胤

到吴越王钱弘俶（chù）时，顺应时势，放弃吴越国王的割据地位，而"纳土归宋"，为宋朝实现和平统一建功。

钱弘俶

你会背《百家姓》吗？

当然会，赵、钱、孙、李、周、吴、郑、王……你怎么突然问这个？

《百家姓》是宋朝人编写的，第一个是国姓"赵"，第二个就是"钱"姓了，足见民间大众对钱家的尊重。

原来还有这个典故，长知识了。

《钱氏家训》充满"修齐治平"的智慧，先进行内心道德修养的培养，再引申到治理国家。钱氏后人将《钱氏家训》代代相传，世世遵循，使得钱氏辈辈人才涌现，文化传承不息。

自钱王开始，钱氏家族历朝历代皆有俊杰，出了很多状元和进士。

宋明以后，钱氏家族涌现出众多的政治家、文学家和著名学者，如宋代的钱昆、钱易，

明代的钱士开、钱谦益，

清代的钱大昕、钱曾。

清朝乾隆皇帝感佩钱氏家训有道，在南巡时特赐御书"清芬世守"匾额。

到了近代，钱氏家族更是人才辈出。

除了钱学森爷爷，你还知道哪些钱姓的名人？

有大作家钱锺书、历史学家钱穆，还有原子弹之父钱三强……

其实远不止这些，有一个绕口令可以概括："一诺奖、二外交家、三科学家、四国学大师、五全国政协副主席、十八两院院士"。

哇，出身于这样的名门望族，钱学森爷爷能取得那么高的成就好像一点都不意外了。

就算再优秀的人，想要取得非凡的成就，都要付出异于常人的努力，经历万千的磨砺！

太了不起了！

钱学森爷爷传奇的一生，有讲不完的故事。

那你倒是讲啊！我已经迫不及待地想听了。不要卖关子嘛！

好，那我先从钱爷爷的父亲讲起吧。

钱学森的祖父钱承慈是浙江本地的一位丝绸商人，家境殷实。

您里面请。

放里面吧。

老爷，这布料放哪里？

当时钱家为孩子取名严格遵循"继承家学，永守箴规"这八个字作辈分，所以钱承慈的第二个孩子出生时，取名钱家治，字均夫。

人之初，性本善……

钱均夫在十几岁时被父亲送到了杭州的求是书院。

求是书院

好好读书。

好！

求是书院是浙江大学的前身，是杭州知府林启创办的新式学堂，学习的大多是西方知识。

这真有意思！

找找我们在哪里。

1902年，钱均夫远渡重洋，前往日本求学。

钱均夫考取了东京高等师范学校，学习教育学和历史学，希望能够为中国的教育事业做出贡献。

在日本求学的日子里，钱均夫经常与同为赴日留学生的鲁迅、蒋百里、厉绥之等人聚首，共抒救国之志。

也是在这期间，他接受了孙中山先生的民主革命思想，认识到不进行民主革命就不可能挽救中国。

在家待了不久，他便决定前往上海成立学堂，教授热血青年，传播民主革命思想。

1910 年，钱均夫学成回国。

我终于回来了！

当时陪伴他同行的还有妻子章兰娟。

我们两家结亲也算门当户对了。

章兰娟的父亲是杭州富商，与钱承慈算是旧识。

章兰娟自小接受了比较传统的教育，也接受了新潮的思想熏陶。

更为难得的是，章兰娟对数学也十分擅长，有过目不忘的本领。

夫人是不是早就心算出答案了？

1911 年冬，推翻帝制的武昌起义的枪声震撼了大江南北。

这一年的 12 月 11 日，钱均夫夫妇唯一的儿子在上海出生了。

看，我们的孩子。

夫人，你辛苦了！

钱均夫按照家族传统，为爱子取名学森，小名"申儿"。

对呀，是不是很可爱？而且很沉稳啊。

这就是钱学森爷爷小时候的照片吗？

看得出，他的童年是非常幸福的。

浙江省立第一中学请钱均夫出任校长。钱均夫欣然答应，携带家眷返回了杭州。

钱家的富足令钱学森的幼年时光在一个相对安定的环境中度过。

而外面的世界却充满了动荡和不安，那一年年末，同盟会领袖孙中山就任中华民国第一任临时大总统。

1914年，钱均夫被调往北京，在临时政府教育部工作。

夫人，以后家里就靠你了。

你安心工作，不用操心我们。

呜呜……

不久，年仅3岁的钱学森跟随母亲从杭州前往北京。

申儿，这就是我们的新家了。

幼时的钱学森便表现出过人的学习天赋。

昔时贤文，诲汝谆谆。集韵增广，多见多闻……

这孩子是个读书的料，一定要好好培养。

一日之计在于晨，可不能贪睡哦！

由于父亲平时工作繁忙，母亲承担了大部分孩子的家庭教育任务。

快过来，我种的荷花开花了。

荷花可真漂亮。

那我们等一会儿就学两首关于荷花的古诗吧!

太好了!

小荷才露尖尖角,早有蜻蜓立上头……

妈妈,快教教我。

这么美的荷花,我们还可以画出来。

把荷花画在纸上,它就永远不会凋谢了。

章兰娟对儿子的学习很有耐心，对他的行为习惯要求也非常严格。

出门，衣服要整洁。

回家后，衣服、鞋帽要放在固定的地方。

玩具不能到处乱扔。

正因如此，钱学森养成了一生严谨仔细、一丝不苟的作风。

钱均夫对钱学森的教育，循循善诱，重视打好基础。到了钱学森上学的年龄，钱均夫没有让他去读私塾，而是进入新式蒙养院进行学前教育。

蒙养院是中国最早向西方学习儿童教育时，所引进的一种具有现代儿童教育精神的幼童学习模式，后来渐渐变成今天的幼儿园。

在这里，钱学森度过了两年非常愉快的时光。

等到钱学森年岁渐长，已经不再满足于蒙养院所学的知识了，他盯上了父亲的大书架。

申儿，你看得懂《水浒传》吗？

看得懂。父亲，你说《水浒》中的 108 个英雄，原来是天上的 108 颗星星下凡。人间的大人物，做大事情的人，是不是都是天上的星星变的呀？

所有的英雄和大人物，像诸葛亮、岳飞，都是普通人，只是他们从小爱学习，有远大的志向，又有决心和毅力，不惧怕困难，所以做出了惊天动地的大事。

英雄如果不是天上的星星变的，我以后也可以当英雄了。

你当然也可以做英雄，但是，必须好好读书，努力学习知识，为社会做贡献。

等你长大了，不光要读我们先人留下的书，还要读外国人写的书，不光要学习国学，还要学习先进的科学技术，只有这样，才能把我们的国家建设得强大起来。

嗯！

钱学森从小热爱大自然，父亲便经常带他到香山、西山远足。

父亲，今天我们抓到了四种蝴蝶，等回家以后可以做成标本。

这些石头也能做成标本。

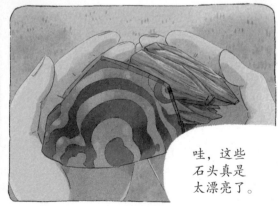

哇，这些石头真是太漂亮了。

父亲，我要是能变成一只小鸟，在天空中翱翔，该多好。

我来给你讲一个故事吧。

我国古代有个叫庄周的人，写过一篇名为《逍遥游》的寓言……

说的是北海中有一条名叫鲲的鱼，变成了一只大鸟，名叫鹏。

这只大鹏鸟身材高大，拍动翅膀能击起三千里的浪涛，环绕着旋风能飞到九万里的高空。

这其实就是庄周自己的远大抱负和理想，他像大鹏鸟一样，渴望在太空自由翱翔，俯瞰美丽的地球。

你想到了什么？

我决不当小麻雀，我要学大鹏鸟到太空遨游。

请看下一册

《 我们必须征服宇宙
第2册 多彩少年 》

图书在版编目（CIP）数据

我们必须征服宇宙. 第1册 / 钱永刚主编；顾吉环，邢海鹰编著；上尚印象绘. —— 北京：
电子工业出版社，2023.9
ISBN 978-7-121-45988-7

Ⅰ.①我… Ⅱ.①钱… ②顾… ③邢… ④上… Ⅲ.①航天 – 少儿读物 Ⅳ.①V4-49

中国国家版本馆CIP数据核字（2023）第131790号

责任编辑：季　萌
印　　刷：当纳利（广东）印务有限公司
装　　订：当纳利（广东）印务有限公司
出版发行：电子工业出版社
　　　　　北京市海淀区万寿路173信箱　邮编：100036
开　　本：889×1194　1/16　印张：36　字数：223.2千字
版　　次：2023年9月第1版
印　　次：2023年9月第1次印刷
定　　价：248.00元（全12册）

凡所购买电子工业出版社图书有缺损问题，请向购买书店调换。若书店售缺，请与本社
发行部联系，联系及邮购电话：（010）88254888，88258888。
质量投诉请发邮件至zlts@phei.com.cn，盗版侵权举报请发邮件至dbqq@phei.com.cn。
本书咨询联系方式：（010）88254161转1860，jimeng@phei.com.cn。